Jacob Hner, Carl Geyer, Gottlieb A. W. Herrich-Schäfer

Sammlung europäischer Schmetterlinge

Jacob Hner, Carl Geyer, Gottlieb A. W. Herrich-Schäfer

Sammlung europäischer Schmetterlinge

ISBN/EAN: 9783743657571

Hergestellt in Europa, USA, Kanada, Australien, Japan

Cover: Foto ©berggeist007 / pixelio.de

Weitere Bücher finden Sie auf **www.hansebooks.com**

1.

2.

3.

4.

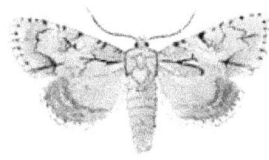

5.

1. *Ulmi.*   2. *Favillacea.*   3. *Alni.*   4. *Tridens.*   5. *Psi.*

1.

_10._

_9._

_7._

_8._

_6._

6. 7. _Menyanthidis._   8. _Auricoma._   9. _Rumicis._   10. _Megacephala._

2.

11.

12.

13.

14.

15.

11. _Megacephala ._   12. _Euphorbiæ ._   13. 14. _Aceris ._   15. _Leporina ._

3.

21.

22.

23.

24.

25.

26.

27.

28.

29.

30.

26. *Spoliatricula.* 27. *Receptricula.* 28. *Fraudatricula.* 29. *Raptricula.* 30. *Deceptricula.*

6.

31.

32.

34.

33.

31. Oxyacanthæ.   32. Bimaculosa.   33. Oleagina.   34. Culta

35.

36.

37.

38.

40.

39.

35. Perplexa. 36. Pyramidea. 37. Perfusa. 38. Livida. 39. Tetra. 40. Tragopogonis.

8..

41.

42.

45.

43.

44.

41. _Lucipeta_.   42. _Birivia_.   43. _Pyrophyla_.   44. _Lucernea_.   45. _Decora_.

46.

47.

48.

49.

50.

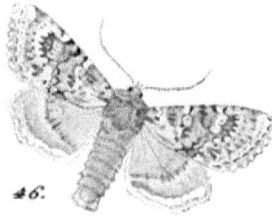

46. *Flavicincta*.   47. *Dysodea*.   48. *Polymita*.   49. *Chi*.   50. *Scripta*.
10.

51.

52.

53.

54.

55.

51. _Concinna_.　52. _Conspersa_.　53. _Compta_.　54. _Serena_.　55. _Lucipara_.

11.

56.

57.

58.

59.

60.

56. Cucubali.   57. Capsincola.   58. Typica.   59. Graminis.   60. Caesia.

12.

62.

61.

63.

64.

65.

61. *Venosa.*   62. *Cuprea.*   63. *Empyrea.*   64. *Persicariæ.*   65. *Pteridis.*

13.

65.

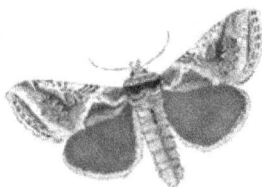

66.

67.

68.

69.

65. *Batis.* 66. *Deraja.* 67. *Meticulosa.* 68. *Rita.* 69. *Amethystina.*
14.

70. *Præceps.*   71. *Runica.*   72. 73. *Celsia.*   74. *Molochina.*

15.

_75._

_76._

_77._

_78._

75. Sutura.   76. Herbida.   77. Hepatica.   78. Plebeja.

16.

79.

80.

81.

82.

83.

84.

85.

86.

87.

88.

84. Convergens. 85. Contigua. 86. Chenopodii. 87. Oleracea. 88. Brassicæ.

18.

89.

90.

91.

92.

93.

89. Perplexa.   90. Echii.   91. Ochroleuca.   92. Flames.   93. Porphyrea.

19.

94.

95.

96.

97.

98.

94. *Latruncula*. 95. *Praeduncula*. 96. *Vinctuncula*. 97. *Nictitans*. 98. *Pulmonariae*.

20.

98.

99.

100.

101.

98. Myrtilli.   99. Albirena.   100. Janthina.   101. Linogrisea.

102

103

104

102. *Fimbria.*   103. *Pronuba.*   104. *Orbona*

22.

105.

106.

107.

108.

109.

105. *Consequa*.　106. *Subsequa*.　107. *Interjecta*.　108. *Prospicua*.　109. *Connexa*.

23.

110.

111.

112.

113.

114.

110. *Rectangula.* 111. *C nigrum.* 112. *Num atrum.* 113. *Ditrapezium.* 114. *Festiva.*

115.

117.

116.

118.

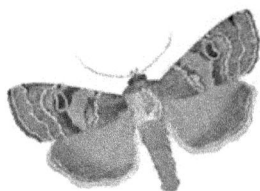

119.

115. _Punicea._ 116. _Multangula._ 117. _Plecta._ 118. _Majura._ 119. _Baja._

120.

121.

122.

123.

124.

120. Mendosa. 121. Brunnea. 122. Sigma. 123. Obelisca. 124. Flammatra.

26.

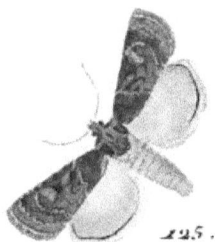

125. Polygona . 126. Ravula . 127 Litura . 128. Forcipula . 129. Ocellina .

130.

131

132.

133.

134.

130. *Intactum*.   131. *Pistacina*.   132. *Signifera*.   133. *Characterea*.   134. *Suffusa*.

28.

135.

136.

137.

138.

139.

135. Equestris. 136. Ypsilon. 137. Occimacula. 138. Xanthographa. 139. Segetum.
40.

140.

141.

142.

143.

144.

140. *Terfa* .   141. 142. *Trimacula* .   143. *Tricuspis* .   144. *Icinctum* .

30.

_145._

_146._

_148._

_147._

_149._

145. Cortica. 146. Segetis. 147. Segetum. 148. Augur. 149. Exclamationis.

150.

151.

152.

153.

154.

150. Valligera. 151. Tritici. 152. Crassa. 153. Fumosa. 154. Sordida.

155.

156.

157.

158.

159.

155. 156. Cinerea.   *157. Obscura.*   *158. Tenebrosa.*   *159. Latidens.*

160.

161.

162.

163.

164.

160. Neglecta . 161. Sepii. 162. Blanda . 163. Lævis. 164. Respersa .
34 .

165.

166.

167.

168.

169.

165. _Instabilis._   166. _Lota._   167. _Munda._   168. _Gracilis._   169. _Pulverea_

170.

171.

172.

173.

174.

170. *Humilis.*   171. *Stabilis.*   172. *Cruda.*   173. *Ambigua.*   174. *Miniosa.*

30.

175.

176.

177.

178.

179.

175. Silene. 176. Erythrocephala. 177. Vaccinii. 178. Polita. 179. Spadicea.

180.

181.

182.

183.

184.

180. Nitida. 181. Ferruginea. 182. Satellitia. 183. Rubiginea. 184. Rejina.
38.

184.

185.

186.

187.

188.

184. *Lutrago.*   185. *Rutilago.*   186. 187. *Fluvago.*   188. *Citrago.*

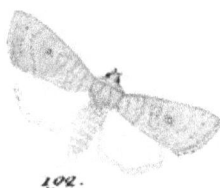

189. Croceago. 190. Cerago. 191. Silago. 192. Palleago. 193. Gilvago.
40.

194.

195.

200.

197.

196.

199.

194. Sulphurago.   195. Ferruginago.   196.197. Aurago.   198.199 Fulvago.

41.

200.

201.

203.

202.

204.

205.

206.

207.

208.

209.

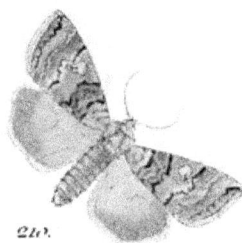

210.

205. Xanthoceros. 206. Diluta. 207. Ripicollis. 208. Flavicornis. 209. Octogesima. 210. Or

211.

212.

213.

214.

215.

211. Ondosa. 212. Fluctuosa. 213. Subtusa. 214. Retusa. 215. Ambusta.

44.

216.

217.

218.

219.

220.

216.*Trilinea.* 217.*Bilinea.* 218.*Turca.* 219.*Oxalina.* 220. *testofollie*

221.

222.

223.

224.

225.

221. *Chrysographa*. 222. *Conigera*. 223. *Albipuncta*. 224. *Cypriaca*. 225. *Lithargyrea*.

46.

326.

327.

328.

309.

330.

326. _Nerissa ._   327. _L'album ._   328. _Turbida ._   329. _Impudens ._   330. _Phragmitidis ._

47.

231.

232.

233.

234.

235.

231. _Ectypa._   232. _Lutosa._   233. _Obsoleta._   234. _Pallens._   235. _Virens._
48.

236.

237.

238.

230

240.

236. 237. Conspicillaris. 238. Pulla . 230. Petrificosa . 240. Lithoxylea.

241. Putris. 242. Rizolitha. 243. Conformis. 244. Exsoleta. 245. Lignosa.

246.

247.

248.

249.

250.

246. _Pinastri._ 247. _Ramosa._ 248. _Rectilinea._ 249. _Perspicillaris._ 250. _Hyperici._

51.

51.

52.

54.

53.

55.

51. *Comma* .   52. *Linaria* .   53. *Antirrhini* .   54. *Tenera* .   55. *Puta* .

52.

2.56.

257.

258.

2.59.

260.

250. *Solidaginis.* 257. *Abrotani.* 258. *Absynthii.* 259. *Artemisiæ.* 260. *Cytisoris.*
53.

261.

262.

263.

264.

265.

261. Chamomilla. 262. Lucifuga. 263. Umbratica. 264. Lactuca. 265. Tanaceti

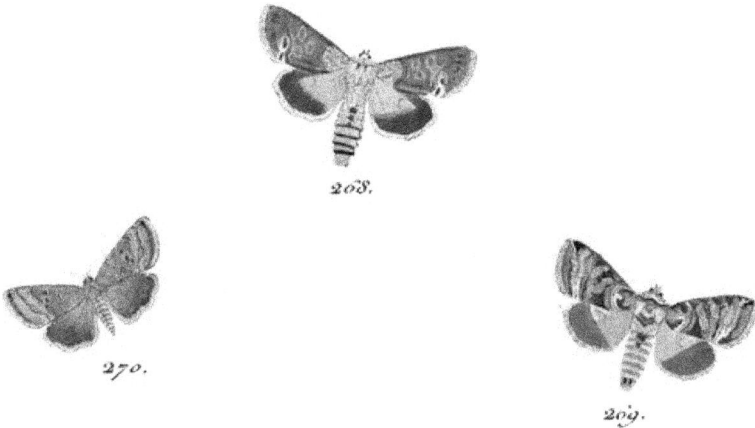

266. Verbasci. 267. Scrophulariæ . 268. Asclepiadis. 269. Triplasia . 270. Numisma .

271.

272.

273.

274.

275.

271. *Aerea.* 272. *Chrysitis.* 273. *Consona.* 274. *Illustris.* 275. *Mya.*

276.

277.

278.

279

280.

276. Chalsytis. 277. Festuca. 278. Orychalcea. 279. Bractea. 280. Temula.

281.

282.

283.

284.

285.

281. *Interrogationis.* 282. *Jota.* 283. *Gamma.* 284. *V.* 285. *Circumflexa.*

38.

185.

187.

188.

189.

190.

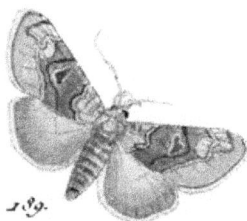

286. *Divergens* . 287. *Concha* . 288. *Aurea* . 289. *Moneta* . 290. *Ain* .

59.

291.

292.

293.

294.

295.

296.

297.

291. Sulphurea. 292. Olivea. 293. Uncа. 294. Venustula. 295. Candidula. 296. Atratula. 297. Fuscula.

298.

299.

300.

301.

302.

298. *Purpurina* . 299. *Rofina* . 300. *Amæna* . 301 . 302. *Inamæna* :

61.

303.

304.

306.

305.

307.

308.

303. *Alchymista.*　304. *Leucomelas.*　305. 306. *Luctuosa.*　307. 308. *Solaris.*
62.

309.

310.

311.

312.

309. _Scutosa ._   310. _Peltigera ._   311. _Dipsacea ._   312. _Ononis ._

313.

314.

315.

316.

317.

313. Cardui. 314. 315. Chimæra. 316. Heliaca. 317. Heliophila.

64.

318.

319.

320.

318. *Lusoria .*   319. *Ludicra .*   320. *Craccæ .*

321.

322.

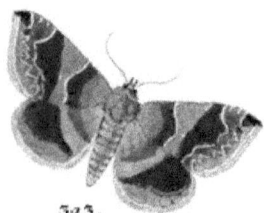

323.

324.

321. Auricularis. 322. Lunaris. 323. Triangularis. 324. Paralellaris.
66.

325.

326.

327.

327. Fraxini.
68.

328.

329.

330.

331.

332.

331. _Electa._ 332. _Pacta._

333.

334.

335.

333. Sponsa .   334. Promissa .   335. Conjuga

336.

337.

338.

339.

340.

342.

. 341.

343.

344.

345.

341. 342. *Parthenias.*   343. 344. *Notha.*   345. *Spuria.*

346.

347.

348.

349.

350.

346. Mi. 347. Glyphica. 348. Triquetra. 349. Comunimacula. 350. Ænea.

75.

351.

352.

353.

354.

355.

356.

357.

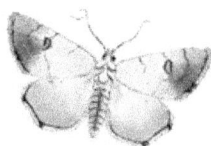

358.

359.

360

356. *Parva*. 357. *Masta*. 358. *Malva*. 359. *Praecox*. 360. *Scapulosa*.

366.

367.

368.

369.

370.

366. *Combusta.* 367. *Pallafera.* 368. *Virens.* 369. *Cristana.* 370. *Armigera.*

371.

372.

373.

374.

375.

371. *Aprica*. 372. *Caloris*. 373. *Templi* . 374 . c. *Eruginea*. 375. *Leucostigma*.
80.

376.

377.

378.

379.

380

376. *Opalina .* 377. *Tecta .* 378. *Saucia .* 379. *Vitellina .* 380. *Degener .*

81 .

381.

382.

383.

384.

385.

381. Neurica. 382. Lapidea. 383. Dilucida. 384. Renigera. 385. Fibrosa.

386.

387.

388.

389.

390.

391.

392.

393.

394.

395.

391. _Pancratii_ . 392. _Encausta_ . 393. _Tenera_ . 394. _Aliena_ . 395. _Nexa_ .
84.

390.

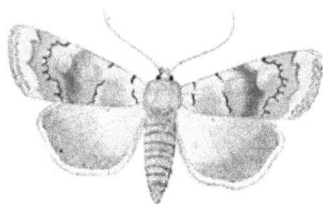

397.

398.

399.

400.

396. *Impura.* 397. *Candelisequa.* 398. *Operosa.* 399. *Ostrina.* 400. *Splendens.*

401.

402.

404.

403.

405.

401. _Pudorina._ 402. _Nebulosa._ 403. _Vitta._ 404. _Chalcedonia._ 405. _Chimæra._

406.

407.

408.

409.

410.

406. _Protea_ . 407. _Furva_ . 408. _Dentina_ . 409. _Proxima_ . 410. _Glauca_ .

411.

412.

413.

414.

415.

411. *Leucographa.* 412. *Extrema.* 413. *Flava.* 414. *Implexa.* 415. *Typhæ.*

88.

416.

417.

418.

419.

420.

416. *Ruris*. 417. *Cubicularis*. 418. *Macilenta*. 419. *Latens*. 420. *Secalina*.

421.

422.

423.

424.

425.

421. *Xerampelina*. 422. *Parilis*. 423. *Remissa*. 424. *Opima*. 425. *Ampla*.

90.

426.

427.

428.

429.

430.

426. _Suasi_. 427. _Basilinea_. 428. _Cespitis_. 429. _Pisi_. 430. _Rubricosa_.

432   *431.*

433.   *434.*

435.

431. *Ochreaga.* 432. *Cymbalariæ.* 433. *Funebris.* 434. *Lyncea.* 435. *Pellex.*

436.

437.

438.

439.

440.

436. *Libatrix* . 437. *Typha* . 438. *Glabra* . 439. *Ocellina* . 440. *Albicosta* .

441.

442.

443.

444.

445.

441. _Aliena_.   442. _Palleago_.   443. _Gilvago_.   444. 445. _Cerago_.

446.

447.

448.

449.

450.

446. *Tristis*. 447. *Cappa*. 448. *Lactea*. 449. *Fluctuaris*. 450. *Neonympha*.

452.

451.

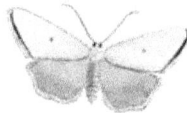

453.

455.

454.

451. _Minuta_.   452. _Paula_.   453. _Flava_.   454. _Insolaris_. 455. _Pasithea_.

457.

456.

458.

. 459.

456. 457. *Umbrosa .*   458. *Concha*   459. *Vetusta .*

460.

461.

462.

463.

464.

460. _Scotopacina_. 461. _Ravula_. 462. _Glota_. 463. _Aurifera_. 464. _Lychnidis_.

465.

466.

467.

468.

460.

470.

471.

472.

473.

474.

470. 471. *Stigmatica*. 472. *Ditrapezium*. 473. *Porphyrea*. 474. *Caliginosa*.

475.

476.

477.

478.

479.

475. *Scita* . 476. *Flamea* . 477. *Quadratum* . 478. *Valligera* . 479. *Fictilis* .

101.

480.

482.

481.

483.

484.

480. 481. Graminis.   *482. 483. Gemina.*   *484. Anceps.*

184.

_485._

_486._

_487._

485. Quieta.   486. Jucunda.   487. Amatrix.

_103._

488.

489.

490.

491.

488. 489. Serpylli .   490. Obfcura .   491. Speciofa .
104.

492.

493.

494.

492. Jucunda .   493. Candelisequa .   494. Marita .

105 .

495.

496.

497.

498.

495. *Pulverina .*   496. *Fulva .*   497. *Sigma .*   498. *Achates .*

499.

500.

502.

501.

503.

499. *Divergens*.   500. 501. *Devergens*.   502. *Mendosa*.   503. *Tenebrosa*.

504.

505.

506.

507.

504. Cuspis. 505. Herbida. 506. Ifteris. 507. Velox.
108.

508.

509.

510.

511.

512.

508. Coenobita . 509. Mista . 510. Procax . 511. Vilis . 512. Cingularis .

313.

314.

315.

316.

313. *Unxia* .   314. *Margarita* .   315. *Velox* .   316. *Par* .

114.

_517._

_519._

_518._

_520._

_521._

517. _Adulatrix._ 518. _Hybris._ 519. _Rutilago._ 520. _Mendacula._ 521. _Comes._

III.

522.

523.

524.

525.

526.

527.

528.

529.

530.

531.

532.

529. *Euphorbiæ*. 530. *Calligrapha*. 531. *Linogrisea*. 532. *Sagittifera*.

533.

534.

535.

536.

537.

533. 534. Villa.   535. 536. Aquilina.   537. Erratricula.

113.

538.

539.

540.

541.

538. *Nigricans.* 539. *Abjecta.* 540. *Cursoria.* 541. *Veronica.*

116.

542.

343.

544.

545.

546.

542. 543. *Albicolon.* 544. *Unicolor.* 545. *Furuncula.* 546. *Ignicola.*

547.

548.

549.

550.

551.

552.

553.

551. 552. *Fimbria.*   553. *Argentina.*

554.

555.

555.

557.

558.

560.

559.

561.

562.

563.

564.

565.

562. 563. *Lichenea.*   564. *Aegua.*   565. *Illunaris.*

566.

567.

568.

569.

566. *Venosa.*   567. *Praticola.*   568. *Neuroles.*   569. *Mnesta.*

123.

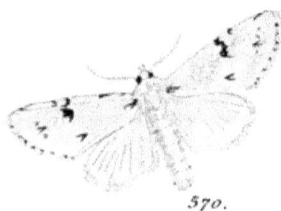

570.

571.

572.

573.

574.

570. 571. *Bradyporina*. 572. *Leucographa*. 573. *Lupula*. 574. *Illunaris*.
124.

575.

576.

577.

578.

579.

575. Turuccari. 576. Plantaginis. 577. Affinis. 578. Suava. 579. Pura.

580.

581.

582.

583.

584.

585.

586.

587.

584. 585. _Santonici_.   586. _Dracunculi_.   587. _Dianthi_.

588.

589.

590.

591.

588. Regularis.   589. Vitellina.   590. Argillacea.   591. Hirta.
128.

592.

593.

594.

595.

596.

597.

598.

595. _Prædita._   596. _Sagitta._   597. 598. _Amethystina._
130.

599. *Ocellina.*   600. *Ravida.*   601. *Paranympha.*   602. *Fuliginea.*
131.

603.

605.

604.

606.

607.

608.

609.

610.

611. 612. *Genistæ*.   613. *Esulæ*.   614. *Pepli*.   615. *Cyparissiæ*.

616.

618.

617.

620.

619.

Congrua. 617. Turbida. 618. Congener. 619. 620. Nictitans.

621.

622.

623.

624.

621. *Purpurea.*   622. *Delphinii.*   623. *Eruta.*   624. *Paludicola.*

136.

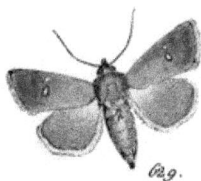

625.

626.

627.

628.

629.

630.

631.

632.

633.

634.

630. *Recuffa.*   631. *Birivæ.*   632. *Dolofa.*   633. *Suspecta.*   634. *Dufychiæ.*
138.

633. 636. *Ulvae* .   637. *Paludicola* .   638. *Characterea* .

139.

639.

640.

642.

641.

643.

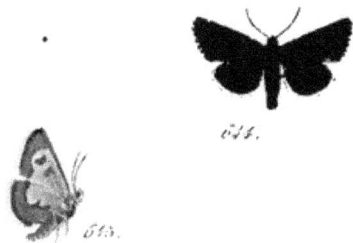

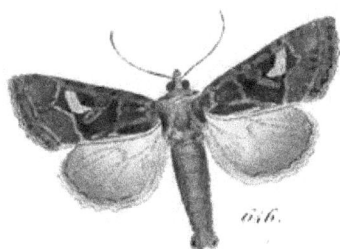

644.

645.

646.

647.

648.

649.

651.

650.

652.

_633._

_634._

_635._

_636._

633. _Silenes._   634. _Aenea._   635. 636. _Nuptias_

_173._

657.

659.

658.

660.

661.

657. 658. *Promissa.*　　　659 — 661. *Neurica.*

662.

663.

664.

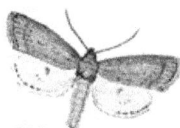

666.

665.

667.

668.

669.

670.

671.

672.

673.

669 — 670. *Craccae* .   671 — 673. *Vicine.*

674.

675.

676.

678.

677.

679.

674. 675. *Cordigera.*   676. 677. *Firma.*   678. 679. *Pumila.*

680.

681.

682.

683.

684.

685.

680. 681. *Connuba*.   682. 683. *Argillaceago*.   684. 685. *Insolatrix*.
148.

686.

687.

688.

690.

689.

691.

686. 687. *Chrysanthemi.*   688. 689. *Macilenta.*   690. 691. *Lidia.*

149.

692.

693.

694.

696.

695.

697.

692. 693. *Pulla.*   694. 695. *Oditis.*   696. 697. *Badia.*

150.

698.

699.

700.

702.

701.

703.

698. 699. *Microgamma.*   700. 701. *Carbonea.*   702. 703. *Rivae.*

704.

706.

705.

707.

708.

709.

704. 705. *Fatidica*.　　706. *Blenna*.　　707. 708. *Pistacina*.　　709. *Nigricans*.

710.

711.

712.

713.

174.

710. *Fictilis.*   711. *Fervida.*   712. *Simulatrix.*   713. 714. *Pasythea.*

717.

715.

716.

718.

720.

719.

721.

722.

723.

724.

725.

721. 722. *Runica .*   723 – 725. *Trux.*

726.

727.

728.

729.

730.

731.

732.

726. 727. *Pugnax.*   728. 729. *Alpina.*   730. 731. *Putrescens.*   732. *Ocelusa.*

156.

733.

735.

734.

736.

733 – 736. *Optabilis.*
157.

737.

739.

738.

740.

741.

742.

743.

744.

745.

746.

747. 748. *Rupicapra.*   749. 750. *Sincas*   751. 752. *Despecta*

164

732.

733.

734.

736.

738.

737.

759.

761.

760.

752.

763.

764.

765.

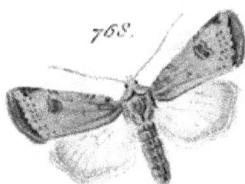

766.

767.

768.

769.

770.

771.

772.

773.

775.

774.

776.

771. 772. *Senna*.   773 – 775. *Moneta*.   776. *Latruncula*.

164.

777.

778.

779.

781.

780.

777 – 781. Auricularis.

165.

782.

783.

784.

786.

785.

782. 783. *Hippophaës.*   784–786. *Hispida.*

787. 788. *Pumicosa.*   789 — 791. *Trimenda.*

792.

793.

794.

795.

796.

797.

792. 793. *Alepta.* 794. 795 *Sabinae.* 706. *Fulgens.* 797. *Tephra.*

168.

798.

800.

799.

801.

802.

803.

804.

806.

805.

807.

810.

808.

809.

811.

812.

813.

814.

815.

816.

817.

813. 814. _Ornatrix._   815. _Blattariae._   816. _Thapsiphaga._   817. _Leucophaea._

818.*

819.

820.

821.

822.

823.

818 – 820. *Latreillii.*   821. *Effusa.*   822. 823. *Glauca.*

824.

826.

825.

828.

827.

829.

880.

881.

832.

833.

829. 830. *Albiena.*   831. 832. *Chenopodiphaga.*   833. *Mallardi.*

834. 835. Caylus.　836. 837. Saportae.　838. Yvanii.　839. Dumeterum.

840.

841.

843.

842.

844.

845.

846.

847.

848.

844. 845. Asphodeli.   846. Pancratii.   847. Roboris.   848. Sagittigera.

849. Lata. 850. Treitschkei. 851. Solue. 852. Nycthemera. 853. Agricola.

854.

855.

857.

856.

858.

854. *Interrogationis.* 855. *Circumscripta.* 856. *L album.* 857. *Matura* 858. *Xerampelina.*

184.

859.

860.

861.

862.

863.

859. 860. *Nigricans.* 861. *Aethiops.* 862. *Congener.* 863 *Ereptricula.*

864.

865.

866.

867.

868.

869.

870.

871.

872.

873.

874.

875.

877.

876.

878.

874. *Denzina (Var. Ascens.)* 875. 876. *Incervaina* 877. *Gilva.* 878. *Telifera.*

184.

879.

880.

881.

882.

879. *Grnellsii.*   880. *Dumosa*   881. 882. *Accessellae.*

185.

www.ingramcontent.com/pod-product-compliance
Lightning Source LLC
Chambersburg PA
CBHW021802190326
41518CB00007B/415